C. UTERHART

CONTRE

MM. Boutmy, de Bousignac, E. Cousin et Léon Gramain.

Affaire relative à l'Établissement horticole sous le titre de
SERRES DES CHAMPS-ÉLYSÉES.

Je me décide à publier ce mémoire parce que j'ai à cœur de justifier aux yeux des personnes honorables qui ont daigné m'accorder leur appui et leur confiance, la ligne de conduite que j'ai suivie jusqu'à ce jour; je veux, si j'ai été la victime, qu'on puisse juger en même temps de qui je l'ai été et pourquoi je l'ai été. Je dois cependant avant toutes choses réclamer la complète indulgence de mes lecteurs. La langue française ne m'est pas familière, les langages du grand monde et du monde savant me sont tout-à-fait étrangers; j'ai voulu écrire des convictions intimes, j'ai voulu n'être que vrai et laisser ce mémoire en dehors des plus habiles conseils qui m'ont été gracieusement offerts. Les faits parleront assez haut pour n'avoir pas besoin d'être présentés avec la science qui m'est inconnue. La vérité sera pour tous, le bon sens et la conscience publique apprécieront.

Depuis dix à douze ans j'ai formé à Farcy-les-Lys, près Melun, Seine-et-Marne, un établissement horticole connu sous le nom de *Jardins de Farcy-les-Lys*, qui a absorbé depuis ladite époque un capital de près de 400,000 francs, dont 270,000 francs proviennent de mes propres ressources, et 130,000 francs à peu près me sont venus en aide.

Presque dès l'origine de cet établissement, j'ai nourri l'espoir de former un jour, lorsque ma création aurait pris le développement convenable, une succursale à Paris, digne de mes efforts, une vaste promenade couverte, pour l'écoulement de mes produits et la localité des Champs-Élysées a constamment été mon point de mire. Le manque de capitaux m'a cependant empêché de donner plus tôt suite à mes

1845

desseins, et je me suis décidé enfin à former une société en commandite, plutôt avec mes nombreux amis qu'avec des étrangers, en créant deux cents actions de 250 francs chacune.

La malheureuse idée m'est venue d'aller consulter en cette occasion M. Boutmy (1), dont on m'avait vanté la dextérité extrême pour ces sortes de négociations ; aussi m'a-t-il bientôt conseillé d'abandonner mon plan et d'en adopter un autre qu'il me préparerait, en créant seulement dix parts de capital de 5,000 francs chacune, et vingt actions bénéficiaires aussi de 5,000 francs, dont dix appartiendraient aux dix parts de capital et les autres dix à moi, pour mon apport, offrant, en ce cas, de s'y intéresser lui-même pour 10 ou 20,000 francs.

Ceci se passait au mois de novembre dernier.

Au commencement de décembre, il me présenta son travail, accompagné d'une liste de souscripteurs.

Je lui fis observer que mes ressources ordinaires, la vente de mes produits se trouvant arrêtées par mon projet, il serait indispensable d'arranger l'affaire de manière à rendre facile le placement de deux ou trois de mes actions, afin que je pusse subvenir tant aux dépenses courantes des deux mois écoulés, qu'aux divers paiements que j'aurais à faire au printemps, avant l'ouverture de notre succursale. M. Boutmy me promit de me faire trouver les moyens désirés, ou de m'avancer lui-même les sommes nécessaires contre des avantages particuliers, en lui cédant, par exemple, le tiers ou le quart de mes parts d'actions et de mes bénéfices.

Ce fut le 9 décembre qu'il me dit avoir trouvé trois personnes qui compléteraient avec lui les sommes nécessaires, me promit de me conduire dès le lendemain chez elles, et me demanda mon engagement dont je viens de parler, mais exigea que je le fisse de confiance, tel qu'il me l'avait prescrit et sans mentionner ses promesses.

Le lendemain, 10 décembre, il me conduisit chez M. de Bousignac (1), où je trouvai M. Cousin (2) et M. Gramain (3).

Là, on convint qu'on augmenterait le capital de 10,000 francs, en faisant douze parts de 5,000 francs au lieu de 10, et qu'on créerait trente actions bénéficiaires

---

(1) Il ne faut pas confondre, c'est Boutmy, rue de la Bienfaisance n° 24, — Boutmy de la Presse.

(1) M. de Bousignac, Directeur de la Prévoyance, rue Saint-Georges, n° 34.

(2) M. E. Cousin, aussi Directeur de la Prévoyance.

(3) M. Léon Gramain, ancien clerc de notaire, demeurant rue Breda, n° 3 et rue du Helder, n° 14.

(M. Boutmy étant l'âme de l'affaire et tous les faits y relatifs n'émanant que de lui, ce n'est qu'à lui principalement que je m'en prends pour tous mes griefs).

au lieu de vingt, dont douze adhérentes aux douze parts de capital, et dix-huit pour mon apport; qu'ensuite je céderais de mes dix-huit actions, trois à M. Gramain, qu'on m'adjoindrait à titre d'associé et de gérant, et deux parts à M. Cousin, pour la différence en plus de sa mise de fonds. Ma cession du tiers envers M. Boutmy étant convenue entre lui et moi, le contrat n'en parla pas.

Ayant la plus grande confiance dans mon opération, comptant sur le grand développement que prend le goût pour l'horticulture, sur l'avantage de la localité, sur l'opportunité du moment de l'année, et beaucoup aussi sur les ressources, qu'en ma qualité d'ancien négociant, je pourrais tirer des divers articles de goût que je m'étais proposé de joindre à l'exploitation, je n'hésitai point de faire à mes prêteurs l'offre extrêmement libérale de rembourser intégralement leurs avances de fonds par les bénéfices, avant de retirer pour moi les fruits de mon industie et la grande valeur de mon apport; et de leur concéder ensuite encore la moitié des bénéfices nets. Et pour qu'ils n'eussent pas besoin de confier 60,000 francs à un inconnu, je leur fis la proposition de m'adjoindre quelqu'un, sous tel titre qu'ils le trouveraient convenable : caissier, gérant ou associé, pour tenir les comptes et ne verser les fonds qu'au fur et à mesure des besoins. C'est sous ces auspices que M. Gramain eut le titre d'associé et de gérant, et que je devins le chef et le directeur sous le contrôle d'un co-administrateur en titre, qui devint co-responsable, combinaison qui m'assura par contre, à moi, le versement effectif du capital et même une grande co-responsabilité de la part de mes associés commanditaires. Mon offre fut d'autant plus libérale qu'il s'agissait d'une affaire qui exigeait, suivant un calcul approximatif que j'avais remis à ces Messieurs, des frais généraux annuels et indispensables de 30 à 33,000 francs pour les deux établissements de Farcy et de Paris. Aussi devais-je diriger toute l'affaire, les constructions comprises, lesquelles devaient être faites suivant mes plans, auxquels j'attachai même une grande importance. Qui ne le conçoit ? Toute ma garantie, pour moi, consistait donc uniquement dans mon activité et mon savoir-faire; celle de ces Messieurs, à me faciliter l'exécution. Voilà le principe, voilà la base de nos conventions, voilà l'esprit de notre acte (1).

---

(1) Disons-le de suite : *N'est-ce pas la conséquence toute naturelle de ce principe, que le cas arrivant, où mes associés, ou de leur consentement, l'homme qu'ils m'ont adjoint, viennent m'enlever cette direction (ma seule garantie à moi) par ruses, chicanes, manœuvres indignes ou même par la force brutale (guidés peut-être par des arrière-pensées), ce ne peut plus être moi qui suis responsable envers eux de leurs 60,000 fr. et des frais d'exploitation, mais c'est bien eux, mes associés, qui deviennent responsables envers moi de tout mon apport, et que celui-ci doit être remboursé avant les 60,000 fr.; (et non seulement sont-ils responsables de cet apport, mais peut-être même du montant de mes obligations envers mes amis, qui, ainsi que mes associés ne l'ignorent, m'avaient généreusement laissé dans la jouissance de leur fortune, représentée par mon apport, parce qu'ils se fiaient à ma direction et à ma loyauté, et ne l'auraient pas laissée sous une direction étrangère.) Tout homme de bonne foi conçoit de même que,*

Ces conventions préalablement discutées, ces Messieurs vinrent quelques jours plus tard me visiter à Farcy-les-Lys, accompagnés de M. Renaud, architecte, que M. Boutmy encore avait désigné comme devant exécuter les travaux prescrits par moi.

L'affaire fut discutée une seconde fois et arrêtée, après que ces Messieurs eurent longuement débattu la question des inscriptions qui frappent le matériel de l'établissement de Farcy; enfin, ces Messieurs déclarèrent qu'ils prendraient à cet égard tout risque sur eux, éloignant mes scrupules d'engager ces objets au contrat, par leur dire que c'était une affaire de famille et tout-à-fait de confiance, et promettant de me délivrer lestement de mes embarras, en me fournissant les moyens pour la plus prompte exécution de mes projets.

La lettre de M. Gramain, du 1er janvier, par laquelle il combat tous mes scrupules à cet égard, prouve assez que j'ai loyalement agi envers tout le monde.

Sur les bases susdites, il fut donc créé une société pour l'exploitation de l'établissement horticole de Farcy-les-Lys et d'une succursale à Paris, pour achat et vente de plantes, graines et articles de goût y relatifs, — durée onze années, raison sociale : Uterhart et Comp. — Titre : Serres des Champs-Élysées. — Apport par C. Uterhart, toutes ses plantes et le matériel mobilier de Farcy, sa clientèle et son temps; par M. Boutmy, 10,000 francs; par M. de Bousignac, 10,000 francs; par M. Cousin, 20,000 francs, et par M. Gramain, 20,000 francs.

Ensuite MM. Boutmy, de Rousignac et Cousin ayant désiré n'être connus en public

---

le capital étant limité et celui qui entreprend l'affaire n'ayant aucun droit à un nouvel appel de fonds envers ses commanditaires, il doit aussi gouverner et régler toutes les dépenses, pour ne pas être exposé à se trouver arrêté court au milieu de son chemin, qu'aucun paiement ne doit être fait sans son visa et qu'il doit toujours connaître l'état exact de la caisse! car, répétons-le, il est exposé à se voir prendre tout son apport si le capital ne suffisait pas pour mettre en branle sa création! Qu'il ne doit donc pas être permis à ceux même qui jouissent de ce bénéfice, de faire des marchés sans moi, changer mes plans contre les leurs, ou contre ceux de l'architecte, et disposer de la caisse sociale à mon insu, encore moins de prendre en justice le parti des entrepreneurs en défaut contre moi! — Les commanditaires qui auraient transgressé ce principe de l'équité deviendraient encore responsables envers moi de tous dommages.

En un mot, si je n'avais pas dû rembourser les fonds employés à la bâtisse et aux dépenses, si une partie avait fourni les constructions, l'autre les plantes, le Gérant aurait pu avoir autant de droit que le Directeur; mais, dans notre cas, il est impossible de nier que si je dois rembourser la moindre somme par mes opérations, il faut que je dirige; que personne ne contrecarre ma direction, et que les agents immédiats m'obéissent. Du reste, c'est moi qui ai créé l'entreprise, qui en ai conçu l'idée, qui connais la matière. Mon apport est de trois fois plus considérable que celui de M. Gramain, et il sait parfaitement qu'il n'a été nommé Gérant que pour le contrôle, la tenue des livres et d'une partie de la correspondance.

— 5 —

que comme simples commanditaires, un autre acte fut rédigé à peu près sur les
mêmes bases, le 9 janvier 1845, entre MM. Uterhart et Gramain, le premier comme
directeur, le second comme gérant, tous deux collectivement responsables et en
commandite à l'égard des autres signataires de l'acte précédent. Il fut dit que les
fonds seraient déposés à la Caisse de la Prévoyance, rue Saint-Georges, n° 34, pour
être employés suivant les besoins; que, lors des distributions de bénéfices, la caisse
devait toujours conserver un fonds de roulement de 5 à 10,000 francs; que les frais
généraux comprendraient les frais de Paris et de Farcy, et que les commanditaires
auraient toujours le droit de se couvrir de leur apport en plantes.

Personne ne prit toutes ses initiatives que M. Boutmy; aussi ne tarda-t-il pas à
fournir la preuve matérielle que lui, Boutmy, et non M. Gramain était le véritable
gérant. Peu de jours après la signature de notre contrat, je reçus, à mon grand éton-
nement, grand sous tous les rapports (1), *son* avis, qu'*il* avait fait confectionner les
actions et qu'il désirait que je vinsse les signer chez lui.

Je m'y rendis. Au premier coup-d'œil je vis que les douze parts de capital dont
notre contrat parlait assez vaguement, et qui devaient principalement servir à dépar-
tager les associés pour leur mise de fonds, *étoient faites dans l'intention d'émettre un
double nombre d'actions.* Elles contenaient la mention d'un avantage marqué sur les
actions bénéficiaires, de telle sorte, qu'à mon avis, il eût même été difficile de pla-
cer ces dernières. J'expliquai à M. Boutmy que les parts ou certificats de capital, ne
portant même aucun intérêt et ne pouvant d'autant moins venir en partage des bénéfices, *qu'elles se trouveraient anéanties par le fait du remboursement, ne devaient pas être
émises*; et j'exigeai, pour donner ma signature à ces actions, qu'elles continssent la
mention que *pareil nombre d'actions bénéficiaires s'y trouvaient adhérentes, pour qu'on
ne pût pas émettre quarante-deux actions au lieu de trente, nombre que j'avais même toujours trouvé trop fort, en égard à notre mise de fonds.*

Je m'opposai ensuite à ce que les actions continssent d'autres désignations que
celles de « Serres des Champs-Élysées, » le vrai titre, qui devait d'autant moins être
altéré par *l'adjonction de celui de Farcy-les-Lys*, que les actions tomberaient néces-
sairement entre les mains de quelques personnes, qui, sachant que l'établissement
de Farcy se trouvait grevé d'hypothèques, croiraient infailliblement que j'avais
laissé ignorer cette circonstance à mes associés, et que j'avais eu l'intention de voler
le public. En outre, je demandai que, si *l'action était signée par le directeur, le talon*
le fût aussi, et qu'enfin *toutes les actions fussent numérotées.*

---

(1) Notre contrat dit, qu'avant ou après le *remboursement* des apports, il serait créé trente
titres bénéficiaires.

Que ces titres seraient sur papier de couleur différente de celle des certificats d'action com-
posant le fonds capital de soixante mille francs, *s'il en était formé.*

M. Boutmy se fâcha si fort de mes observations et de mon refus, qu'il me menaça de me faire mettre à la porte si je revenais chez lui.

J'allai aussitôt voir MM. Gramain, de Bousignac et Cousin, pour leur expliquer les raisons de mon refus. M. Gramain balbutia que, bien qu'il eût signé ces actions telles quelles, il avait fait à M. Boutmy les mêmes observations que moi. MM. Cousin et de Bousignac, directeurs de la Prévoyance, quoique de même fortement courroucés, furent cependant un peu moins turbulents que M. Boutmy, mais dès cet instant il régna dans nos rapports une froideur que j'eus beaucoup de peine à éloigner, malgré le soin que je pris de ne plus parler des véritables raisons de mon refus et de prétexter que je refusais la création d'actions pour avoir le plaisir de rester *avec eux*.

La mauvaise humeur de ces messieurs reprit cependant avec une nouvelle force, lorsque, après mon retour de voyage en Angleterre et en Belgique, je renouvelai mon refus de signer.—Et, dès cette époque, tout ce que la méchanceté peut inventer, je l'ai souffert ! *Je vis clairement que tout était calculé par ces messieurs pour que mes embarras financiers devinssent plus pressants et m'obligeassent d'agir suivant leurs volontés.* Je fus forcé d'abandonner, les uns après les autres, tous mes projets, au moyen desquels je m'étais proposé de me procurer des bénéfices majeurs, pour pouvoir espérer de rentrer dans mes sacrifices faits depuis nombre d'années ; on me refusa des fonds pour faire exécuter les modèles de divers articles de goût, si je ne voulais confier ces acquisitions à l'ignorance de M. Gramain.

Ainsi que le prouve ma correspondance avec M. Gramain, malgré toutes mes prévisions d'un malheureux résultat, amené par les retards et les contrariétés de toute nature, il ne s'occupa plus de l'affaire ; je ne pus plus lui arracher ni un avis, ni un consentement. Mes lettres des 24, 25, 27 et 29 mars furent des plus pressantes : « Coûte ce qu'il coûte, il faut faire *immédiatement* terminer tous les travaux ! Ne me refusez pas les moyens ! *C'est une question de vie ou de mort, une somme de cinquante mille francs en dépend,* que nous ouvrions avant le 15 avril ! »

« *Chaque minute de perdue nous rapproche de notre ruine, nous prive de notre bien-être, et vous restez impassible !* »

« *Songez continuellement que tout est perdu et manqué, si, avant le 15 avril, nous n'ouvrons pas.* »

« *Serais-je irrémissiblement assez malheureux de voir s'anéantir toutes mes espérances, de voir contrecarrer tous mes projets et toutes les peines infinies que je me suis données depuis cinq mois ? Je le crains, et quelques jours d'inaction encore conduiront à ce résultat !* »

Le 6 avril, je lui écrivis : « *Je regarde comme impossible de sauver l'un et l'autre établissement, si dès aujourd'hui tout ne prend pas une autre tournure !* Voilà le temps de la sortie des plantes arrivé ; le temps de faire voyager nos plantes se passera, toute notre vente du printemps est perdue, toute notre multiplication le sera? Je vous l'ai dit, Monsieur, chaque jour nous rapproche d'une ruine certaine, et, je le répète, jamais je n'ai dit que je risquerais mon établissement et ma réputation à faire des âneries (1). »

Directeur de fait et de droit de cette vaste entreprise, que j'avais conçue et longuement méditée, qui exige une surveillance active et éclairée *de tous les instants*, où il faut un chef qui gouverne, et auquel les agents immédiats doivent stricte obéissance, je dus voir, qu'au moyen de mille chicanes, on rendit ma direction illusoire, que ces messieurs m'en arrachèrent de vive force une partie après l'autre, en autorisant M. Gramain, malgré mes vives protestations, à donner des ordres à tort et à travers, à arrêter mes travaux et à ordonner des dépenses de notre capital en pure perte, à payer même des mal façons, en dépit de mes poursuites contre l'architecte, déclarant sans honte que tout cela se faisait pour que les 60,000 fr. se trouvassent absorbés et que l'établissement fût déclaré en état de faillite.

J'avais stipulé que la caisse sociale conserverait en tout temps une somme de 5 à 10,000 fr. pour les besoins présumables, et plus souvent j'eus grand peine à avoir de quoi faire la paie aux ouvriers. On fit de moi un directeur sans moyens d'action, de ma position une position ridicule! On vint même prêcher ouvertement la désobéissance aux ouvriers et aux employés envers moi, les menaçant parfois même de ne pas être payés s'ils m'obéissaient. On employa tous les moyens imaginables pour me faire déconsidérer en public, au risque de faire déconsidérer l'établissement, de détruire mon crédit moral et matériel par la médisance et la calomnie. En dernier lieu, on m'exposa même à des poursuites judiciaires, refusant aux entrepreneurs l'argent que je leur avais assuré, et, pour combler la mesure des mauvais procédés, M. Gramain devint d'une insolence telle, qu'il ne me fut plus permis de communiquer avec lui.

____

(1) On conçoit dès-lors que depuis longtemps déjà j'aurais traduit mes associés devant un tribunal arbitral, si je n'avais pas voulu, à tout prix, sauver ma création, à laquelle était indissolublement attaché mon avenir !

 « En protestant formellement, dis-je par ma lettre du 6 avril, contre ce que vous me dites
» de mes intentions, et de la valeur de mon apport, et du degré de considération que j'exige
» pour *mon nom en titre*, en vous constatant mot pour mot *que je n'ai pas fait tant d'efforts pour*
» *former un capital de* 60,000 *fr., que je n'ai pas accordé une si large part dans mes bénéfices à mes*
» *commanditaires; pour me laisser guider dans* es *opérations par des hommes tout-à-fait en dehors de*
» *la science et des plus simples connaissances horticoles, tout-à-fait neufs en opérations commerciales;*
» pour ne pas disposer tout-à-fait des emplois des personnes, tel que je le juge nécessaire et
» applicable; *pour abandonner un seul des moyens qui me préoccupent, de rendre le tout profitable;*
» enfin, POUR NE PAS JOUIR EFFECTIVEMENT DE CES CAPITAUX POUR LE BESOIN DESQUELS J'AI CON-
» TRACTÉ. »

Mais, par le fait même *qu'on me ravit ainsi ma direction, on compromit jusqu'à l'existence même de notre entreprise,* en ne tenant aucunement compte de mes représentations pressantes, que *rappeler la saison de la floraison de nos plantes, rappeler l'époque passée des ventes et le moment propice à l'ouverture de notre établissement,* l'OPPORTUNITÉ DE SA FORMATION MÊME, SERAIT IMPOSSIBLE, que, sans cette opportunité, toute notre opération tomberait dans le domaine du ridicule !

Loin de m'écouter, ces messieurs employèrent à la fin tous les moyens imaginables et les plus raffinés, par des promesses et des menaces alternatives, suivant mes dispositions plus ou moins calmes ou irritées, pour prolonger cet état d'inaction complète qui régnait, et duquel ils attendaient une catastrophe pour moi. Tantôt ils me menacèrent de faire mettre le feu à l'affaire de Farcy, d'acheter des créances sur moi pour me faire mettre à Sainte-Pélagie ; tantôt on me proposa la retraite de M. Gramain, des modifications au contrat qui me missent à même de gouverner seul. On proposa l'acquisition de la propriété de Farcy, pour multiplier le nombre d'actions. Et ces diverses propositions me furent faites tantôt par M. Boutmy lui-même, tantôt par M. de Bousignac, tantôt par M. Cousin, qu'il me dépêcha à cet effet, afin qu'il n'y eût jamais rien de fait et qu'un d'eux pût refuser ce que l'autre avait offert. Et, en définitive, toutes ces paroles se trouvèrent être autant de mensonges. Ce fut pour me faire perdre un jour après l'autre, une semaine après l'autre, en me faisant attendre des journées entières dans l'oisiveté et l'ennui, après leur rendez-vous.

Par suite de toutes ces manœuvres, l'affaire se trouve définitivement manquée, de sorte qu'aucune puissance humaine ne pourra plus la rappeler à la vie ou au succès (1).

Quoique, par le compte très circonstancié que je rendis le 27 avril, je fisse voir à ces Messieurs l'imminent danger d'une ruine très prochaine, si un grand changement ne s'opérait pas instantanément, je conservai encore de l'espoir jusqu'au milieu de mai ; je bombardai M. Boutmy de mes lettres pour lui faire comprendre toute l'urgence de prendre une décision quelconque, je lui dépeignis les avantages que nous pourrions encore retirer de la saison extraordinairement arriérée de l'année, que nous pourrions encore nous procurer la vente de 10,000 dahlias disponibles valant 10,000 fr. (qui autrement seraient totalement perdus), de 10 à 20,000

---

(1) Peut-être ces Messieurs ne croient pas cela ; peut-être supposent-ils l'affaire faite, l'œuvre quasi-terminée, l'ordre et la marche suffisamment connus, qu'ils peuvent se passer de moi et de ce qu'ils appellent mes prétentions ; que la dextérité, la hardiesse imperturbable, la finesse d'esprit et le tic séduisant de M. Boutmy, qui sait trouver des actionnaires pour dix entreprises à la fois et distribuer si bien les rôles, les conduiront tout droit au but, et puisqu'il ne veulent absolument autre chose que trafiquer sur les actions, il leur trouvera encore des actionnaires.

rosiers, valant autant, de 10 à 20,000 autres plantes au même prix, qu'en plantant encore nos collections, nous pourrions espérer encore le double de ces chiffres par les commandes, lors de la floraison, qu'en terminant immédiatement nos serres à multiplication, nous pourrions encore retirer 40 à 60,000 fr. par ce moyen pour le printemps prochain ; qu'autrement tous ces revenus seraient perdus pour nous.

Au lieu de m'écouter, le désordre devint général. Pour empêcher la réussite de mes efforts et les contrecarrer on retint le salaire des ouvriers ; des ouvriers à la journée furent mis partout à des ouvrages tout-à-fait inutiles, pour empêcher les travaux urgents ; on fit détruire ce que j'avais fait faire ; tous ces Messieurs, surtout M. Boutmy, furent d'une insolence extrême ; il n'y eut plus aucun doute pour moi que tous ces retards et encombrements ne fussent les prétextes d'arrières-pensées coupables. Sur les grossiéretés incroyables de M. Boutmy je ne pus m'empêcher de lui écrire en date du 17 mai pour lui reprocher « d'avoir tenu un langage indigne d'un galant homme, et pour lui faire sentir que je n'étais plus dupe de leurs coupables desseins. » Serait-ce, lui disais-je, que M. de Bousignac m'aurait offert l'autre jour un compte ouvert chez lui de 1,000 fr. à charge de lui remettre, à lui, mes comptes (ce que je n'ai pas manqué de faire) pour me rendre plus confiant et me faire faire des avances plus fortes, et augmenter mes embarras, pour être plus sûr de ma soumission ? — Je serais honteux de le penser. — Et serait-ce que vous m'ayez envoyé chez M. Cousin lui demander des fonds, pour me faire éprouver des refus ? »

Le moyen le plus immanquable pour me faire déconsidérer tout-à-fait aux yeux de mes agents immédiats, ils l'ont employé. Ils font venir ces agents chez eux pour chercher leur salaire, et là on leur dit que j'ai reçu leur argent et que je l'ai dépensé pour moi.

C'est à cette occasion que j'écrivis à la date du 31 mai, à M. Cousin : « Je ne puis, ni ne veux supposer que ce soit dans un but frauduleux qu'on ne m'ait jamais accusé réception de mes comptes courants, même depuis que M. de Bousignac a demandé que je les lui remette à lui, mais vous ne pouvez pas ignorer, Monsieur, que les 300 fr. (et non 500 ainsi que vous avez dit à Constant) que j'ai été obligé de mendier pour ainsi dire de M. de Bousignac à la date du 15 mai, lorsque la société me devait pour des avances faites 731 fr. 30 cent., figurent au crédit de la société dans le compte par lequel je lui réclamais avant-hier 1,500 à 2,000 fr. pour payer les salaires arriérés des ouvriers. »

N'est-il pas scandaleux que ces Messieurs osent encore dire à tout le monde que c'est moi qui suis en retard pour mon apport, lorsque c'est eux et leurs manœuvres qui m'ont empêché de faire cet apport plus tôt, lorsque par là même ils m'ont fait tout perdre, jusqu'à mon avenir ? Et, du reste, mon apport n'est-il pas fait depuis que j'ai signé l'acte ? N'est-il pas tout entier à Farcy ? — L'établissement de Paris et celui de Farcy n'est-ce pas un et le même ? Mais ce n'est que depuis que ces Messieurs ont ruiné notre entreprise et qu'ils ont la coupable intention de reconstruire un nouvel édifice sur les ruines de l'ancien, duquel ils espèrent m'exclure, en me privant de toute ressource et en ruinant mon crédit par tous les moyens en leur pouvoir, qu'ils veulent que les plantes soient transportées. C'est à ce propos que je disais encore par ma lettre du 31 mai à M. Cousin :

» Je n'ai cessé de vous le répéter depuis long-temps qu'il est assez malheureux que tant de belles plantes se trouvent ici dans le gâchis et sans abri même contre le gaspillage, pour que je ne veuille pas que la moindre plante de Farcy soit transportée, avant que nos travaux soient terminés, et qu'on ne trouve plus dans l'enceinte des murs que nos jardiniers, lorsque nos plantes arriveront. »

« Si j'étais moins confiant en vos procédés (ajoutai-je), ne pourrai-je pas vous supposer des intentions frauduleuses de vouloir vous jeter sur mes plantes comme des vautours affamés sur leur proie, après avoir follement dépensé nos fonds, ou même après avoir, suivant vos menaces, fait déclarer l'établissement en état de faillite ! »

Enfin l'affaire était arrivée à un tel point qu'il ne me restait absolument rien à faire qu'à provoquer la nomination d'arbitres. Je m'en occupai dès le 5 juin.

Je voulus les rendre responsables pour m'avoir fait sacrifier tous mes intérêts personnels de l'année, tout un hiver, toute une saison de vente, toute une année de rapport, toute la multiplication de l'année prochaine, du dépérissement de toutes mes belles plantes, en faveur desquelles l'établissement de Paris devait être formé ; responsables de m'avoir fait sortir entièrement de la sphère de mes occupations ordinaires, responsables de dix années d'efforts et de sacrifices, maintenant rendus inutiles, responsables de toutes les suites graves résultantes de mes engagements et garanties données et de faux jugement que le public devra porter, ne pouvant se douter de ma direction effective, responsables enfin d'avoir détruit mon crédit, en déshonorant mon nom, et faisant crier entrepreneurs, fournisseurs et jusqu'aux employés et ouvriers terrassiers après leurs paie !

Le 7 juin un de mes amis vint me dire qu'il avait appris qu'on me préparait une surprise que M. Gramain devait partir pour Farcy, enlever les plantes à mon insu.

Je ne crus guère à ce dire, j'allai cependant chez mon conseil lui faire part de ce que je venais d'apprendre.

« Avez-vous reçu quelqu'acte officiel à cet égard, me demanda-t-il ?

Sur ma réponse négative, il me tranquillisa, disant que c'était une impossibilité, une utopie.

Étant le soir même à Farcy, je laissai, avant de partir, l'écrit suivant à madame Uterhart :

« Dans les termes où j'en suis avec la société que j'ai formée à Paris avec MM. Gra-
» main et consorts, je dois protester formellement contre tout enlèvement de plantes
» de l'établissement de Farcy-les-Lys *par qui que ce soit*, sans mon autorisation expresse
» et par écrit.

» Comme directeur de cette société c'est à moi seul à ordonner tout transport et
» toute expédition, et je regarderai comme rapine tout déplacement non ordonné par
» moi.

» Farcy, 8 juin 1845. »

Le 10 juin je demandai à Constant, notre premier jardinier, s'il savait quelque chose
d'une pareille disposition.

« Oh! mon Dieu, non, me répondit-il, et vous pensez bien, monsieur, que je ne
» ferais jamais pareille chose que d'après vos ordres. »

Mercredi 11, je ne vis pas Constant, personne ne sut me dire où il était; le jeudi
se passa de même. L'idée me vint qu'il serait au moins possible qu'il m'eût trahi. J'allai
chez l'ami qui m'avait donné le premier éveil; il me dit qu'effectivement on en avait
parlé de nouveau. J'allai chez mon conseil pour savoir ce qu'en pareil cas j'aurais à
faire. Il me fut impossible de le rejoindre de la journée. Vendredi matin Constant
ne fut pas de retour; ce qui me tranquillisa cependant fut que je n'avais pas de nouvelles de Mme Uterhart, et ensuite ce silence même m'inquiéta parce qu'à l'ordinaire
elle écrit fort souvent. A midi le fils Constant me dit que son père est rentré et reparti,
mais qu'il ignorait où il était allé.

Constant ne revenant pas le soir, toute sa famille questionnée ignorant où il était,
des soupçons cuisants me vinrent. N'osant pas quitter moi-même d'ici, je me proposai
d'envoyer de grand matin un de mes garçons à Farcy, voir ce qui s'y passait et me
rapporter immédiatement des nouvelles de ma femme.

Samedi matin à cinq heures, lorsque je fis appeler ce garçon, on vint avec la réponse qu'il était à la rivière décharger des plantes. Le coup était fait.

Je cours; je vois décharger à l'établissement des voitures de plantes; je m'informe
auprès de mon conseil de ce que j'ai à faire. « Vous n'avez qu'à constater ce qui se
passe, et mettre à la porte les hommes qui vous ont trahi. » (Conseil très-embarras-
sant si je ne veux pas que mes plantes en souffrent.)

Je retourne à l'établissement; je vois M. Gramain présent au déchargement. Je de-
mande après Constant. — Il est à la rivière, près le pont d'Austerlitz. — J'y cours;
je trouve le bateau et des voitures qui chargent, et non Constant. Bref, dans la journée, je le trouve aux Champs-Elysées. « Eh bien! Constant, vous m'avez trahi. »

« Monsieur, répondit-il avec un accent inimitable de vérité, si je vous ai trompé,
» j'ai été trompé avant vous par M. Gramain; je vous le dirai bien devant lui. Il est

» venu me dire : « Eh bien ! Constant, tout est arrangé ; vite avec tous vos hommes
» pour Farcy. — M. Uterhart le sait-il ? — Il viendra demain. » Je suis donc parti.
» En arrivant à Farcy, j'ai été voir Madame. — « Constant, m'a-t-elle dit , Monsieur
» m'a laissé un papier par lequel il défend tout enlèvement de plantes sans son ordre
» écrit. — Madame tout est d'accord avec M. Uterhart ; lui ai-je dit ; il viendra de-
» main. » — Alors Madame s'est enfermée dans ses appartements, et je ne l'ai plus
» revue. M. Gramain est venu le lendemain avec un huissier de Melun , m'a com-
» mandé de faire ce qu'il voulait , disant qu'il n'était pas nécessaire que vous y soyez,
» qu'il était le maître. J'ai espéré que Madame vous avait écrit ou envoyé quelqu'un.
» Vous voyez , Monsieur, que je n'en puis rien. »

Je me suis contenté de lui répondre qu'il n'aurait pas dû supposer que Madame me
ferait savoir ce qui se passait, parce que lui-même, en qui elle avait toute confiance,
lui avait dit que je viendrais, seul moyen d'exécuter ses projets sans être dérangé par
moi.

On peut juger par la brutalité avec laquelle on a agi en cette circonstance , de tout
ce qu'on m'a fait depuis mon association. Venir dans mon domicile avec des huissiers
de Melun ; faire faire quasi une saisie, tromper la vigilance de Mme Uterhart, quelle
bassesse ! Non contents de m'avoir ravi, PAR LEURS MANŒUVRES A CACHER LEUR ARRIÈRE-
PENSÉE EN S'ASSOCIANT, ma fortune, en me faisant manquer le but de mon entreprise ,
et tout espoir de jamais me refaire ; — par ce dernier abus de confiance, ils me ravis-
sent ma réputation ! Découvrir encore mes serres, en enlever cent châssis, qu'on sait
être la garantie des créanciers hypothécaires, mais c'est un pillage envers moi et envers eux !

Qui le croirait maintenant, que tout ce que Constant m'a dit est un composé de
ruses et de mensonges ? Qui croirait que cet homme est venu, mercredi, lui-même à
Farcy vers les deux heures de l'après-midi, qu'il y a organisé le tout en secret, qu'il
a établi son quartier général chez le marchand de vin, à côté de chez moi pour donner
ses ordres à son beau-frère, qui est à mon service ; qu'il ne soit venu qu'à neuf heures
la nuit chez Mme Utherart, lui certifiant que je viendrais le lendemain à neuf heures du
matin avec deux de ces messieurs; qu'il m'avait parlé à moi-même, de sorte que ses
protestations répétées de bonne foi, Madame a dû le croire, lui a parlé de ses enfants,
et lui a confié les clés de la grille. A peine Madame a-t-elle été rentrée, que Constant
a ouvert les grilles, fait entrer une quantité d'hommes et de brouettes, allumé des
lumières partout, et exécuté tout pendant la nuit avec une telle promptitude que
Madame , lorsqu'à cinq heures du matin le premier jardinier de Farcy est venu pleu-
rant auprès d'elle, lui certifiant qu'on l'avait trahie, que tout le village s'était assem-
blé disant qu'on saisissait tout chez nous, la suppliant de faire arrêter le mal, ayant

appris que six grandes voitures charriaient déjà, depuis trois heures, elle a vu que c'était trop tard ; qu'on ne pouvait plus rien faire sans augmenter encore le scandale.

A peine a-t-elle osé croire à une aussi infâme trahison, jusqu'à ce qu'elle eut appris que M. Gramain, au lieu de venir à la maison, s'était attablé, avec tous ces hommes soudoyés par lui, chez le marchand de vin à côté.

En présence de ces faits, qu'est-ce que le dommage matériel fait aux plantes ? La perte des collections des pelargonium, des camélias et des rosiers, le dérangement de leur multiplication, le transport de toutes ces plantes précieuses pêle-mêle dans un lieu où il n'y a ni abri, ni eau d'arrosage convenable, qu'est-ce que tout cela ? dis-je, en proportion du mal fait à ma réputation, à mon crédit et à mon avenir. Notre contrat, ne l'ont-ils pas détruit de force ?

Au moment même où, à cause de toutes leurs abominables chicanes, j'avais provoqué la nomination d'arbitres, au moment où le tribunal arbitral doit se constituer, ils anticipent sur sa décision : ils se font justice enx-mêmes par la plus lâche des trahisons.

Supposons même que nous ayons été en guerre ouverte, que je n'aie pas *voulu* faire venir ces plantes (et on sait que jamais je ne les ai refusées, que j'ai seulement voulu que l'endroit destiné à les recevoir fût prêt) n'était-ce pas le cas de faire nommer des arbitres.

Suivant notre contrat, je dois apporter en société mes plantes et mon industrie, eux leur argent. Depuis longtemps ils ne veulent pas me donner l'argent nécessaire ; eh bien ! si j'étais allé chez eux soudoyer leurs gens, leur caissier, ouvrir leur tiroir et prendre ce qui m'aurait convenu le mieux, billets ou espèces, et emporter tout à Farcy, mais qu'est-ce qu'ils auraient dit ? Cette action cependant eût été moins grave que la leur ; je n'aurais rien détruit ni détérioré, je n'aurais pas pris l'un pour l'autre, je ne leur aurais pris ni direction, ni crédit, ni avenir !

Mais tout le mal fait à mon crédit et mon à avenir, par cette trahison, ne leur paraît pas suffisant ; ils savent tous qu'en novembre déjà je fus court en finances, que j'aurais des paiements à faire au printemps, que notre association ne me permettant pas d'user de mes ressources ordinaires, la vente de mes produits, je dus compter sur la promesse qui m'avait été faite et non tenûe, de m'escompter quelques-unes de mes actions, ou, du moins, sur l'ouverture de notre établissement dans la première quinzaine de mars ; ils savent que j'ai différé depuis lors mes principaux paiements à la fin du présent mois ; M. Gramain retourne ces jours derniers à Melun et à Farcy, va questionner là tout le monde sur ce que je dois, ce que j'ai payé, me calomnie auprès de mes ouvriers, disant que j'avais reçu leur argent et que je l'avais dépensé pour moi, etc., etc.

Evidemment c'est pour frapper un nouveau coup à mon crédit, pour que je ne survive pas, pour qu'ils puissent justifier leur guet-à-pens de l'autre jour.

Dans ce même but, ils espéraient sans doute émouvoir surtout les créanciers hypothécaires, auxquels il ont déjà voulu donner ombrage par cette étrange expédition, et surtout par l'enlèvement des châssis. Cette démarche encore n'est-elle pas d'autant plus lâche que je ne leur ai pas caché mes embarras, desquels ils sont même la cause directe ?

Peut-être sera-ce un prétexte pour faire diversion au grave sujet qui nous assemblera devant le tribunal arbitral, moyen dont M. Gramain s'est déjà servi dans nos réunions entre sociétaires, pour éluder l'urgence du grave but de notre assemblée d'alors.

J'ose croire que nos juges ne s'y arrêteront pas, et qu'ils attaqueront plutôt le mal à sa source. Je ne puis cesser de le dire que tout notre acte d'association n'est qu'un vrai, qu'un abominable guet-à-pens ! Les formes de cet acte prouvent assez clairement que je devais croire à une affaire réelle ; que trois ou quatre hommes honorables s'intéressaient de corps et d'âme dans une entreprise excellente en elle-même ; on ne parla de la création d'actions que très vaguement, et comme devant n'avoir lieu qu'à une époque éloignée ; on convient même verbalement, je l'affirme sur l'honneur, que personne de nous ne se dessaisira de ses actions que lorsqu'elles vaudront le double du prix de leur émission. Et..... bientôt, je vois que je n'ai à faire qu'à quatre compères qui n'ont tout bonnement d'autres intentions que de faire un tripotage d'actions, quatre personnes, déjà intéressées ensemble dans maintes entreprises, qui s'entendent d'avance à faire du cinquième leur dupe, n'ayant eu d'autres intentions que de retirer de l'affaire à la hâte 100 ou 200 p. 100 de bénéfices pour eux, ne rester associé du nouveau venu que pour quelques instants, et le laisser bientôt se débattre avec leurs cessionnaires, et peut-être avec la justice ! Tout comme s'ils l'avaient voué d'avance au malheur. — Manœuvres fort heureusement encore peu connues, mais qui méritent une répression sévère.

Imprimerie A. François et Comp., rue du Petit-Carreau, 32.